U0108927

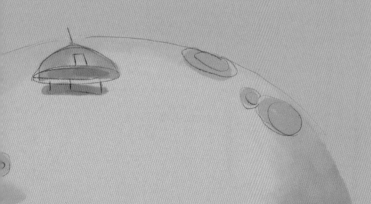

種子的奇幻之旅

一 航天育種簡史 一

郭銳 李軍 著

中華教育

種子的奇幻之旅

— 航天育種簡史 —

郭銳 李軍 著

出版　中華教育

香港北角英皇道 499 號北角工業大廈 1 樓 B
電話：（852）2137 2338
傳真：（852）2713 8202
電子郵件：info@chunghwabook.com.hk
網址：http://www.chunghwabook.com.hk

發行　香港聯合書刊物流有限公司

香港新界大埔汀麗路 36 號 中華商務印刷大廈 3 字樓
電話：（852）2150 2100
傳真：（852）2407 3062
電子郵件：info@suplogistics.com.hk

印刷　美雅印刷製本有限公司

香港觀塘榮業街 6 號海濱工業大廈 4 字樓 A 室

版次　2020 年 10 月第 1 版第 1 次印刷

©2020 中華教育

規格　16 開（190mm x 210mm）

ISBN　978-988-8676-61-3

責任編輯：楊安琪
裝幀設計：池嘉慧
排　　版：池嘉慧
印　　務：劉漢舉

序　言

　　1970 年 4 月 24 日，「長征一號」運載火箭成功將中國第一顆人造地球衛星「東方紅一號」送入了太空。1987 年 8 月 5 日，中國發射第九顆返回式衛星時，首次搭載作物種子進行航天育種科學實驗。2006 年 9 月 9 日，「實踐八號」衛星發射升空，這是中國首顆專門用於航天育種研究的返回式科學實驗衛星。截至 2016 年，中國已經進行了二十八次航天育種搭載實驗，實驗超過五千六百批次。三十多年來，中國航天育種事業取得了非凡成就，譽滿全球。

　　探索浩瀚宇宙，發展航天事業，建設航天強國，是中國人不懈追求的航天夢。航天事業的持續發展，需要一代代人的接力奮鬥。青少年們是國家的未來，也是航天事業的希望。航天科技工作者有責任去引領他們走進太空科學，啟迪他們的科學夢想，在他們心中播撒航天科技的種子。太空迷幻神奇，航天類的少兒科普讀物一直深受孩子們的喜愛。這種生動形象的表述，可讓孩子們走進航天，瞭解航天，熱愛航天，最後加入到航天事業的隊伍中來。

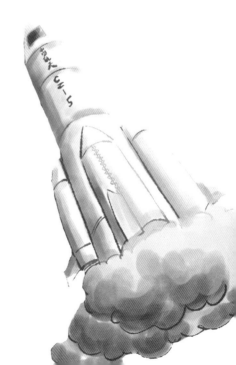

這正是《航天育種簡史：種子的奇幻之旅》的作者的心願。作者飽含對孩子們的深切關愛，針對小讀者的閱讀特點，精心構思，寫成了這本優秀科普讀物。

　　這本書是為少年兒童量身打造的。全書表達生動有趣，不僅以圖文並茂的形式將航天和航天育種的知識傳播給小讀者，還通過那些航天先驅者們勇於探索的事例讓孩子們瞭解科學求真的精神，是一本不可多得的寓教於樂的科普讀物。

　　希望這本書能讓孩子們在少年時代就種下一顆航天夢的種子，也期待這些種子開花結果，有朝一日能促使孩子們成為航天事業的棟樑之材！

中國載人航天工程副總設計師

國際宇航科學院院士

陳善廣

目　錄

楊利偉，中國首位太空人

讓我們跟隨种子

来一场奇幻之旅吧！

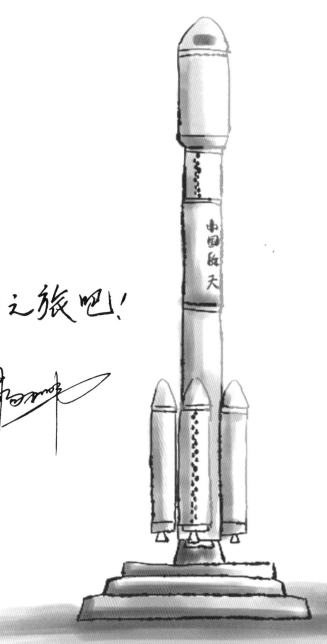

它們是地球植物嗎？

在我們的印象中，瓜果蔬菜似乎一直以來都保持着一成不變的樣子，事實上，它們在人類的選育過程中一點點地發生着變化，只是人類短短的一生中感覺不到這個變化的過程。

但是，下面的這些植物會讓你大吃一驚。

「南瓜霸王」

它長得實在是太快了，比普通南瓜快得多，五天左右就能長到西瓜那麼大。不但長得快，而且長得大，成熟後體重可達二百千克，接近三個成年人的體重，兩個壯小伙子合力都未必能夠抱得起來。

「番茄部落」

在一根長長的番茄主幹上，會長出數百條分枝，它們沿着棚架攀爬生長，最長可達二十米，枝葉覆蓋面積接近半個籃球場大，總共能結一萬多顆果實，像不像一個興旺發達的超級部落？

它們真的是地球上的原生植物嗎？

2

遨遊過太空的種子

　　這些植物的種子，或者說這些植物的「先輩」，全都遠赴高天遨遊過太空，之後又全都回到地球母親的懷抱，在航天育種專家的精心撫育下，以非同凡響的勁頭和姿態，鑽出土壤、長成苗株、傲視群芳、驚艷世人。

太空種子的後代

　　「南瓜霸王」「番茄部落」怎麼和平時看到的蔬果那麼不一樣？

　　原來它們都是太空種子的後代。

　　其實，太空種子的後代不只是番茄和南瓜，還有辣椒、茄子、黃瓜、絲瓜、豆角、向日葵、板藍根、西瓜、蝴蝶蘭、萬壽菊、百合……

小的像雞蛋，大的像車輪，好奇怪的太空茄子！

太空冬瓜與普通冬瓜，就像爺爺背着小孫子一樣！

當這些植物的祖先還是普通種子時，和其他植物種子沒有任何區別，但是它們經歷過一段奇幻之旅後，有些種子就成了太空種子，那麼究竟是甚麼原因使它們發生了變化？

現在，請跟我來，讓我們一同飛向浩瀚無際的宇宙深處，飛向極其遙遠的時間起點，去探尋種子的奇幻之旅吧。

宇宙中到底有甚麼，會讓這些種子發生這麼神奇的變化？

從宇宙大爆炸說起

138 億年前，甚麼都沒有。

沒有你，沒有我，沒有恐龍，沒有汽車，沒有汽水烤肉，沒有花草蟲魚。實際上，根本就沒有時間，也沒有空間。真的是甚麼都沒有，連「沒有」都沒有。

宇宙是這樣誕生的

突然之間，在一個極小極小、小得幾乎不存在的點上，發生了一場極其劇烈的大爆炸。轉瞬之間，無窮的能量、物質爆發出來，整個體積急劇膨脹，宇宙就以快得無法想像的速度，急劇擴張到了連「浩瀚」一詞都無法形容的程度。就如同一隻氣球，在遠不到一秒鐘的超短超短時間裏，就膨脹至直徑數十億千米。

宇宙，我們的宇宙，就此誕生了。

伴隨着大爆炸，產生了物質。這些物質，就是億萬年間組成無數星系、星球以及後來組成山川、河流、大海、森林、恐龍、鱷魚、蚊子、老虎、猴子和人類的「原料」。

但是，這個過程非常漫長，用了 138 億年，宇宙才是我們現在看到的樣子。我們地球所在的銀河系只是浩瀚宇宙中非常微小的一個角落，而太陽只是銀河系里四千億個恆星中的一個。地球上所有沙灘上的沙粒數量的總和都沒有宇宙中的星星多！

科學家怎麼探測到宇宙大爆炸的？

宇宙大爆炸理論最早是由一個比利時神父於 1927 年提出的，後來，宇宙學家埃德溫·哈勃利用新的望遠鏡技術觀測並證實了宇宙的膨脹，而且他測出了星系正在彼此遠離的速度。

1965 年，有兩個空間研究者在使用他們的射電望遠鏡搜索宇宙空間中對衛星有威脅的輻射時，收到了奇怪的背景噪音信號，經過對這神秘噪音的檢測，發現這噪聲有可能就是大爆炸的殘餘。

1月1日：
宇宙大爆炸

1月10日：第一批恒星發出光芒。之後這些恒星開始聚合，形成第一批小星系

9月21日：
生命開始誕生

11月9日：
生命開始呼吸、移動

8月31日：
太陽誕生，幾乎同時地球誕生

12月17日：
海洋生物開始登陸

宇宙年曆

如果將宇宙誕生至今的138億年歷史壓縮到一整年裏面，也就是十二個月，將宇宙誕生之時看作是1月1日零時，把現在看作是12月31日的午夜，就製作出這樣一個宇宙年曆。

人類出現在宇宙年曆的最後一天的最後一個小時。

最初的原始人類和動物沒有太大的差別，到處打獵，吃着野生的食物，他們慢慢地發展着，直到學會了使用文字，懂得了用文字記錄發生的事情。

12 月 28 日：
第一朵花開始綻放

12 月 30 日
早上 6 點 24 分：
小行星撞擊地球

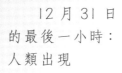

12 月 31 日
的最後一小時：
人類出現

12 月 31 日 23 點
59 分 46 秒：人類所
有記載的歷史都誕生
於此

1月	冥古宙
2月	
3月	太古宙
4月	
5月	
6月	
7月	元古宙
8月	
9月	
10月	
11月	顯生宙
12月	

冥古宙佔地球年曆的兩個月，在這段時間裏，漸漸形成了陸地和海洋。

太古宙開始於距今三十八億年前，相當於地球年曆的三個半月，地球上開始出現生命，主要是一些簡單的原核生物。

元古宙開始於距今二十一億年前，跨越時間最長，佔地球年曆的五個月。這段時間生物開始進化得更加複雜了，出現了細胞核，單細胞生物也開始逐漸轉變演化為多細胞生物。

顯生宙是從五億四千萬年前開始一直到現在，這也是生物真正稱霸地球的時期。顯生宙時間很短，只佔了地球年曆的一個半月。

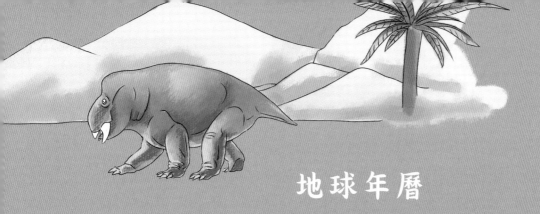

地球年曆

　　如果將地球四十六億年的歷史壓縮到一年，整個地球歷史一共分成了四個
主要時期，分別是冥古宙、太古宙、元古宙和顯生宙。

　　顯生宙以後的生命愈來愈多、愈來愈複雜、愈來愈豐富。
而所有生命的繁衍都要面臨生存的問題。

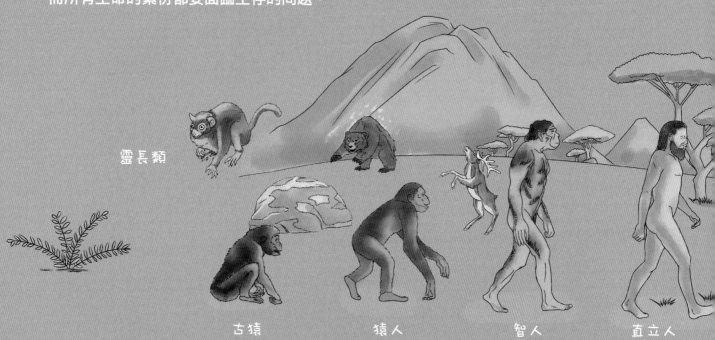

靈長類

古猿　　　　　　猿人　　　　　　智人　　　　　　直立人

「吃飯」問題來了

　　地球上的任何生命都是需要吸收能量才能維持的。於是，「吃飯」問題便成為每一種生命從出現那天起就要面臨的緊迫問題，尤其是逐漸成為地球主宰的人類。

人類一直都在學習種植

人類從大自然中獲取的食物，最基本、最重要的，其實並不是肉類，而是植物。包括植物種子、果實、花卉、根莖、藤蔓、葉子⋯⋯只要沒有毒，只要夠得着，只要挖得出，就要去咬一口、嚐一下的。畢竟原始人拿着棍棒、石頭去捕獵動物，遠不如採摘果實來得輕鬆和安全。所以採集果實、根莖便成為早期人類食物的主要來源。

可是，採集來的食物總是不夠吃，當一個地方的食物被吃光後，該怎麼辦呢？於是，人們就只能搬到下一個地方。

一些原始人無意中發現，很多可食用植物都是可以種植的，於是他們把一部分植物的種子保留下來，等到季節合適時種到土裏，等待它發芽、生長，結出更多的果實。

快點長大吧！
明年我就不挨餓了。

靠天吃飯

　　原始人逐漸摸索着種莊稼、種果樹，時間一長，他們所發現和掌握的、能夠種植的植物種類愈來愈多，種植的經驗也愈來愈豐富。這種靠天吃飯的原始農業，就這麼在世界各地不約而同地出現了。

糧食不夠吃了

　　人們的生活穩定了，可以在一個地方定居下來，並且開始了耕作。新問題也隨之出現，那就是吃飽喝足之後，人類的繁衍能力也隨之大增，食物又不夠吃了。另外還有風災、水災、雪災等自然災害經常跑來搗亂啊！

有時候，一大片莊稼就要收割了，轟隆一聲，雷電引發了大火，莊稼全被燒掉了。

要不呢，就來場連綿不絕的大雨，把莊稼全部都泡在地裏，發霉了，吃不成了。

……

而且，不是所有的種子種下去後都能收穫，怎麼辦呢？

新發現，新嘗試

眼看一片小麥快要成熟了，哎！颳了一場大風，把小麥全都吹倒了。天災之後，大片的莊稼被毀了，一年的辛勞白費了，人們又陷入了飢餓境地，怎麼辦呢？

這幾株很堅強，留下來當種子，等來年把它們種到地裏，那長出來的新麥子會不會都這麼強壯呢？

「原生態育種專家」

「原生態育種專家」們發現，被毀掉的莊稼地裏總會有極少量堪稱「天生麗質」的「佼佼者」。在成片倒伏的小麥中，卻有那麼幾株，因為個頭不高，又很粗壯，所以沒有倒下，也沒有死去，而是繼續傲然挺立，直到成熟。

同樣，在一塊馬鈴薯田裏，全村老少齊上陣，準備把已經成熟的馬鈴薯挖出來，可是挖開一看，哎呀！怎麼都爛了啊？生病了，而且是「傳染病」！不過，卻有那麼一兩窩馬鈴薯，不但完全對「傳染病」的侵襲置之不理，相反，長得又飽滿又好看。

於是「專家」們沒有吃掉這些罕見的超級小麥、超靚馬鈴薯，而是精心把它們收集、保存起來，留作種子。

最早的農藝師——后稷

傳說后稷是黃帝的第四代後人，從小就喜歡農藝，小時候總是把野生的麥子、穀子、大豆、高粱以及各種瓜果的種子採集起來，種在地裏，他種植、選育的這些五穀、瓜果成熟後，果實又肥又大、又香又甜，比野生的好很多，漸漸地，他積累了一些經驗。堯聽說後，就請后稷做農藝師，教大家農耕。

奇跡發生了

　　第二年，他們把這些精心保存下來的小麥、馬鈴薯作為種子種下去。在所有鄉里鄉親們的期盼之下，豐收的季節到了。奇跡發生了，實驗成功，新長出的麥子果然特別結實，不怕風吹雨打，果實飽滿；而新長出的馬鈴薯呢，果然也是不怕傳染病侵襲，產量大大增加了！

種子的自然傳播

　　如果沒有人類的干預，很多植物種子的傳播效率是很低的，它們在自然界中主要是靠風、動物、水等外部因素來傳播的。有的種子未必能夠落到具備發芽生長條件的「好地盤」上，甚至有的種子會在通過動物消化系統的過程中被破壞掉，這種自然傳播方式的危險系數還是很高的。

靠風傳播

　　蒲公英的種子外面長有很多細長細長的毛，成熟後被風一吹，就能像降落傘一樣飄到別的地方，落地發芽，這就是靠風傳播。

　　此類植物還有柳樹、蘆葦等，它們的種子都是依靠風力而傳播開來的。

自體傳播

帶豆莢的豆類，會在成熟時因為豆莢乾裂而突然張開，把裏面的豆子像炸彈的彈片一樣拋到遠處，這就是純粹依靠自身力量的彈射傳播。

油菜種子就是通過彈射的方式進行傳播的，當果實成熟時，殼會突然爆裂，同時使種子彈射出去達到傳播的效果。

另外，栗子是通過果實的滾動以及跳動等方式進行傳播的。

靠動物傳播

　　葡萄、山楂、李子之類的種子，都是包裹在甜美可口的果肉中的，這些水果是猴子啊、鳥兒啊等動物們的最愛，那些沒有被消化掉的種子就隨動物的糞便排出來傳播到四面八方，這就是靠動物傳播。

　　蒼耳這種植物你可能已經見過，每當秋天野外郊遊歸來，它的果實會掛在你的衣褲上，仔細觀察它刺毛頂端上的倒鉤，是牢牢鉤住你的衣褲的，不易脫落，在不知不覺中你已經為它的種子傳播盡了義務。當野豬、山羊、野兔等動物走過時，蒼耳種子也會掛在這些動物身上，從而輕輕鬆鬆來一場不用花錢、説走就走的旅行。這些種子一旦脫落下來，遇到合適的環境就會生根發芽。

　　車前草一般長在路邊，它的種子粘在過路的人或者牲畜、鳥禽等動物的身上，就會被帶到很遠的地方。

　　松子是在松鼠儲存過冬糧食的時候被帶走的。

　　這些都是植物靠動物傳播種子的方式。

靠水傳播

　　包在蓮蓬中長大的蓮子，成熟後隨着蓮蓬的衰敗、乾裂而脫出，落到水面上，被水傳送到別的地方去「建立新的根據地」，這就是靠水傳播。

　　大型的植物種子，如椰子的種子也是利用水流傳播的，當椰子成熟以後，椰果落到海裏隨海水漂到遠方，幸運的話就會找到一片陸地的岸邊發芽、生長。

　　植物種子的傳播方式很多吧！但靠這些傳播方式能存活下來的植物種子還是非常少的。

我們的祖先最令人驕傲

　　人類的種植活動就是在種子自然傳播的基礎上出現的，一代代「育種專家」一直都在把自然條件下收穫的相對好的種子選出來，培育好，然後一代代播種、收穫、再播種，讓這種優良特性能夠固定下來、傳播開來。

　　並且，這種「原生態育種」方式在我們祖先留下的著作中都有記載。

北魏的賈思勰

　　賈思勰在《齊民要術·種穀》中記載的粟的優良品種就達八十六個之多，而且各有各的特點。

宋代的劉蒙

　　劉蒙在《菊譜》中描寫了三十五個菊花品種，並這樣評論：通過不斷仔細觀察，找出發生了好的變化的品種，進行重點培育，就能形成新的、更多、更好看的品種。

宋代的王觀

　　王觀在《揚州芍藥譜》中，描寫了通過改變土壤、溫度、肥料等植物生長的環境條件，努力促成和加劇芍藥變異的發生。

明代的夏之臣

夏之臣在《評亳州牡丹》一書中也提到了種子發生變異的情況，雖然那個時代的夏之臣還不知道基因這回事，但這已是對基因變異現象的初步分析。

明代的袁宏道

袁宏道在《張園看牡丹記》中，描寫了一位名叫「張元善」的「花卉育種專家」，每次見到漂亮的牡丹，他就帶種子回來種植，兩年之後種子才開始發芽，十五年後才能開花，時間更久才會有變異發生，這不但記錄了選育工作的具體過程，還說明選育工作需要漫長的時間。

厲害的人點子多

　　早期的育種專家們主要還是「等」，等着茫茫大田中有優秀植株突然出現，然後才能如獲至寶地培育繁殖。顯然，這樣的工作有點過於被動了。於是就有人變被動為主動，去改變植物的自然環境，看看它們到底會發生甚麼變化。

可敬的探索者

　　兩百多年前有一個英國人叫托馬斯・安德魯・奈特，他在不到五十歲的時候就當選為皇家院士了，而他當選的原因在於在園林園藝和水果蔬菜等植物的生理研究上成就卓著。

　　他對植物種子展開的新型研究帶有現代科技色彩。當時，牛頓已經發現了萬有引力，就是指宇宙間所有物體都相互吸引，地球對植物也有吸引力。

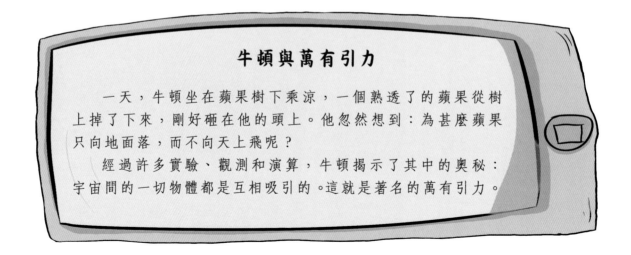

牛頓與萬有引力

　　一天，牛頓坐在蘋果樹下乘涼，一個熟透了的蘋果從樹上掉了下來，剛好砸在他的頭上。他忽然想到：為甚麼蘋果只向地面落，而不向天上飛呢？

　　經過許多實驗、觀測和演算，牛頓揭示了其中的奧秘：宇宙間的一切物體都是互相吸引的。這就是著名的萬有引力。

托馬斯先生就想，為甚麼所有的種子發芽後，都是根鬚朝下鑽、莖葉往上長？難道地球引力對它們的莖葉不起作用嗎？或者説，它們的身體內部，有甚麼「精靈」在搞「反引力魔法」？

托馬斯先生之所以很厲害，就是厲害在這裏。為了搞清楚這個問題，托馬斯先生把四季豆固定在早期英國到處可見的那種大水車上。

不管植物內部有甚麼神秘力量控制你朝上長，總之你是與地球引力反着來的。那好，我就干擾你，讓你感覺不到地球引力，看你會發生甚麼變化。

歐洲的大水車

注意！那時歐洲的水車通常都很大，有的高達近七十米，相當於現在的二十五層樓那麼高。托馬斯先生把豆子們固定在這麼大的水車輪子邊緣上，豆子們相對於車輪是不動的，但相對於外部卻是不停地轉動的，它們一會兒向上、向右，一會兒向下、向左。而且，豆子們還都隨着水車的轉動具有了離心力，因而在某段路程上，也就有了那麼一點點「失重」的感覺。

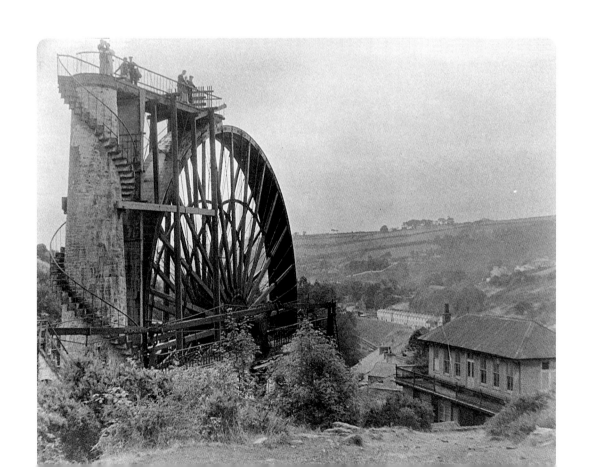

不論豆子內部是甚麼「精靈」在控制豆苗兒朝上生長，而此刻它們被固定在水車上，那肯定是起不了作用了。因為方向是隨時在變化的，而地球引力卻是始終指向地心的！所以，那些「精靈」們就一定是處於頭暈迷糊狀態的，不可能再施甚麼「反引力魔法」了吧。

托馬斯先生做了很多次這樣的研究，並把研究成果寫成了書。

很可惜，這本書沒有能夠流傳下來，據說是被他的學生不慎搞丟了。但是，托馬斯先生用水車固定豆子做植物生理實驗研究這件事本身卻是件十分了不起的事，因為他把那個水車系統變成了一個「模擬微重力的實驗場」。

我暈……

真正的推動力是科技

隨着科技的發展，科學家們通過不斷地嘗試，不約而同地發現，對植物種子生長過程大規模施加影響的「武器」，除了地球引力，還有磁場、輻射、低溫、真空等。

那好，讓我們再探索一下，如果讓植物種子處在這些環境下，會發生甚麼變化呢？

零磁空間實驗室

早在 1989 年，中國在北京就建成第一個國家「零磁空間實驗室」。自1999年開始，中國利用零磁空間環境，模擬種子在脫離地球磁場情況下的生物效應研究，先後對大麥、小麥、大豆、玉米、芝麻、花生、油菜、水稻、牧草等作物種子進行了科學實驗，取得了大量寶貴的數據資料。

磁屏蔽室

隨着磁場屏蔽材料及技術的提高，科學家們能夠得到一個儘可能將地球磁場和其他電磁信號屏蔽在外的空間環境，叫做「磁屏蔽室」，也就是說，電磁信號無法穿牆進入磁屏蔽室。

舉個例子，在磁屏蔽室內，指南針會失效，手機也沒有任何信號。

輻射誘變

　　中國的科學家，特別是農業科技專家，還利用伽馬射線、X 射線、紫外線等照射、轟擊種子，使它們的細胞、基因等發生變化。其中用得較多的是伽馬射線，因為這種射線能量高，波長又較短，所以具有很強的穿透能力。

如中國農業科學院作物科學研究所、湖南省原子能農業應用研究所、浙江省農業科學院作物與核技術利用研究所等單位的專家，都曾利用伽馬射線輻射技術，對多個類別的水稻品種進行了相關實驗，成功培育出了一批優質水稻新品種。這些經過培育之後的水稻具有早熟、抗倒伏等優良性狀。

伽馬射線的用途

伽馬射線用途很廣，可以殺死癌細胞，醫生可以用它為病人診斷病情，也可以用來消毒；機場可用它對行李進行安檢。

怎麼離太陽近了，卻愈來愈冷了？！

　　人類歷史上有記載的使用高空氣球進行科學探索的，是十八世紀八十年代的歐洲人，當時他們主要是進行攀升實驗，看能夠升多高，同時還想體驗一下高空究竟能夠「熱」到甚麼程度。

　　現在我們都知道平均每爬高 1000 米，溫度就會下降大約 1.6 攝氏度。但在當時的人看來，往天上飛，那不就是朝着太陽飛嗎？肯定愈高就會愈熱。

　　結果，那些參與飛行實驗的勇敢者，每個人都後悔沒有帶上皮大衣、棉帽子之類的保暖衣服，因為他們吃驚地發現，不對啊！怎麼愈往上愈冷啊！

高空科學氣球

由於高空氣球的飛行高度令人滿意，製造成本又相對較低，並且具有工作準備時間相對較短、使用起來較為靈活等優點，二十世紀六十年代起，人們就相繼開始大規模發展現代意義上的高空氣球技術了。

這麼簡便好用的工具，農業育種專家們自然不會錯過。自 1987 年起，中國的科學家們就開始大規模、成系統地利用高空氣球來進行誘變育種探索研究。幾十年來，已經先後對水稻、小麥、大麥、玉米、油菜、棉花、穀子等重要農作物的種子和食用菌菌種進行了高空誘變，並且成功地獲得了一批優良品種、品系，成為中國農作物「種子庫」中的重要補充。

為甚麼植物種子和菌種會在高空中出現異常變化？而且有些還能夠將這些變異遺傳給下一代呢？

這是因為，當高空氣球攜帶植物種子升到幾十千米以上的高度時，所處環境的大氣結構、空氣溫度和密度、壓力、地磁等條件，所經受的宇宙射線、紫外線等的強度，都與地面有着顯著的差異，而這樣的環境必然會對種子細胞和基因產生某些影響，進而促發變異。而這，正是農業育種專家們所期望出現的。

由此人們產生了將種子送上更高的太空的想法，也就是航天育種的萌芽。

太空就是「超級實驗室」

　　太空，它就在地球的周圍，就在我們的頭頂上，而且已經存在億萬年了。太空環境與地球表面有着非常不同的環境特點，人類科學家們窮盡智力製作成的微重力實驗室和零磁實驗室，其實都是在模仿那裏的條件和環境；就連出現很多年，至今還在廣泛使用的高空科學氣球，實際上也是在幫助人類，向着太空靠近，靠攏……

　　那裏到底有甚麼秘密？又是甚麼樣的條件讓植物的種子發生了如此神奇的變化？

三個重要特點

微重力

不論是宇航員也好，還是被搭載的種子也好，甚至是航天器本身也好，在太空中做繞地高速飛行時，都處於「失重」的狀態。

弱地磁

地球，就是一個巨大的「磁鐵」，吸引着地球上的萬物。而宇宙飛船在距離地面數百千米的太空中，與地球的距離愈來愈遠，距離大到一定程度時，這個引力就完全不能發揮作用了，夠不着了。就像磁鐵對鐵釘的引力，如果使鐵釘與磁鐵的距離變得愈來愈遠，那麼離得愈遠引力就會愈小，當距離足夠遠時磁鐵就無法「控制」鐵釘了。

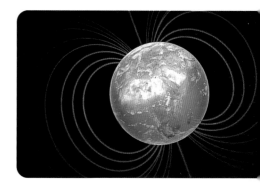

地球磁場形態示意圖

強輻射

宇宙中不僅到處都是超新星爆發時所產生的射線，就連給予我們光和熱的太陽，也在不停地向外發射着各種高能射線。

如果將微重力和弱地磁比作戰場上的天氣熱不熱、風雨大不大、霧霾重不重等環境因素，那麼太空中的這些射線，便是宇宙贈送給航天育種專家在戰場上使用的「彈藥」。它們可以針對每一粒種子、每一個細胞、每一段基因、甚至每一個分子進行精確打擊。

三個小特點

除了微重力、弱地磁和強輻射這三個最重要、最明顯的特點外，太空還具備其他幾個特點。

高真空

搭載着作物種子的航天器所處的環境幾乎是真空狀態的，那裏幾乎沒有氧氣，沒有氮氣，也沒有其他任何氣體。

超低溫

太空是一個零下 270 攝氏度的超低溫環境。當然，航天育種專家們不可能讓種子直接暴露在這麼冷的環境中，否則種子會被凍死的，即使不死，種子內部的各種生命活動也會暫時甚至永久終止，基因誘變工作就會沒甚麼效果。

極潔淨

太空是個極其潔淨的環境，這裏沒有植物生長必需的水分、土壤、養料，同樣昆蟲、細菌在這裏也無法生存。

種子其實很堅強

可能有人會問：種子們在那種環境下能存活下來嗎？其實你有所不知，種子的生命力是很頑強的。

多數種子雖然在自然狀態下依然離不開空氣，保持着「輕微呼吸」的狀態，但它們也可以被長期隔絕，甚至在完全無氧、無水的狀態下，以休眠狀態維持生命，有的甚至在種殼外面天生帶有一層蠟質，徹底封閉種子內部與外界的聯繫，以防季節不到、條件不佳時貿然出芽而遭遇不測。這些休眠的種子直到有一天外部條件成熟，才會重新復活。

古蓮子

古蓮子開出的荷花

雙莢決明

2015年，北京植物園就將發現於山東濟寧、距今六百年左右的古蓮子成功播種，並且培育成功，還開出了漂亮的荷花。

1967年，科學家在北美的深層凍土中發現了二十多粒大約一萬年以前的北極羽扁豆種子。經播種實驗，有六粒種子順利發芽並長成植株。

還有雙莢決明，它的種子能夠存活將近兩千年之久。

生命力如此頑強的植物種子，可以在極端封閉條件下休眠上千年都不會死亡，在太空環境中也同樣堅強。

「綜合加工廠」

在短時間內讓種子細胞和基因發生變異，需要同時具備微重力、弱地磁、強輻射、高真空、超低溫、極潔淨等極端條件，那就需要像「綜合加工廠」那樣的「超級實驗室」，而這樣的「超級實驗室」一直都在，那就是太空。

正常情況下，種子們在太空乘坐航天器做繞地飛行期間，受到各種宇宙空間因素的影響，它們身體內部一定會有變化的，這也是科學家們把它們送上天的目的。

就讓我們向太空出發吧！

人們的飛天夢

人類對太空一直都很好奇，而且從未放棄過「飛天」的夢想。但是，只有當科技發展到足夠水平時，人類才開始真正離開地面、進入太空。

在此之前，人類一直都在嘗試離開地面，飛向天空。

載人航天始祖

六百多年前，中國明朝有一位被封為「萬戶」的功臣——陶成道，這是一位不愛官位、偏愛科學的探索者。在他晚年時，曾把四十七個自製的火箭綁在椅子上，自己坐在上面，雙手又各舉一個大風箏，然後叫僕人點燃火箭，試圖利用火箭的推力實現「上天」的願望。

圍觀的人都表示這簡直太瘋狂了！果然，火箭爆炸了……可想而知，萬戶的飛天夢沒有實現，但是萬戶卻是地球上第一位利用火箭向天空進發的英雄。他的努力雖然失敗了，還為此喪了命，但他借助火箭推力升空並打算平安返回的創想，卻是全世界的「第一次」。因此，他被全球各國公認為「真正的載人航天始祖」。

以萬戶命名的月球上的環形山

為了永遠紀念這位世界上第一位利用火箭追求飛天夢的英雄，二十世紀七十年代，國際天文學聯合會將月球上的一座環形山正式命名為「萬戶」。

美國「挑戰者號」航天飛機上
犧牲的七名宇航員

美國「哥倫比亞號」航天飛機上
犧牲的七名宇航員

總有勇者前仆後繼

六百多年過去了，人類向太空進發的步伐一直都沒有停歇，而且隨着最近幾十年來科技的發展，這種步伐愈來愈快。先後又有各地區的許多宇航員、地面科學家及工作人員，像萬戶陶成道那樣，壯烈犧牲在人類征服浩瀚太空的征程中。蘇聯某次火箭爆炸事故中，一次就犧牲了一百多人；美國的「挑戰者號」和「哥倫比亞號」航天飛機先後失事，僅這兩次就犧牲宇航員十四人……

「龍門之躍」

最近幾十年來，人類逐步實現了從「航空」到「航天」的「龍門之躍」。

人類已經去了幾趟月球，人類的「飛天」之夢已經成為現實。這一步已經邁出，包括人造衛星、返回式飛船、往返式航天飛機……這些技術都已經非常成熟。

航空與航天的區別

　　航空與航天雖然僅一字之差，但完全是兩回事。

　　航空是指人們使用飛機、直升機、滑翔機、飛艇、氫氣球等在地球大氣層內進行的飛行活動。

　　航天是指人們使用火箭、宇宙飛船、航天飛機、人造衛星等在地球大氣層以外進行的飛行活動，可分為載人航天和不載人航天兩大類。

　　簡單來說，以地球大氣層為界，以內的是航空，以外的是航天。

向太空進發

　　隨着航天科技的進步，人類終於實現了飛向太空的夢想，從發射人造地球衛星到載人航天，人類向着太空奔去。

1957 年 10 月 4 日

1957 年 10 月 4 日，是人類歷史上一個劃時代的日子。就在這一天，蘇聯成功發射了世界上第一顆人造地球衛星「斯普特尼克 1 號」。

1958 年 1 月 31 日

1958 年 1 月 31 日，美國第一顆人造地球衛星「探險者 1 號」成功發射上天。

1961 年 4 月 12 日

1961 年 4 月 12 日，蘇聯再次震驚世界。

　　宇航員尤里‧加加林少校乘坐世界上第一艘載人飛船「東方 1 號」，成功進入茫茫太空，用 108 分鐘繞地球飛行一圈後安全返回地面。

1970 年 4 月 24 日

1970 年 4 月 24 日，中國第一顆人造地球衛星「東方紅一號」被成功送入太空。

2003 年 10 月 15 日

2003 年 10 月 15 日，38 歲的航天員楊利偉乘坐「神舟五號」載人飛船成功飛入太空，繞地飛行 14 圈，經過 21 小時 23 分、60 萬千米的安全飛行後，順利返回地面，成為浩瀚太空中第一位來自中國的探索者。

中國從第一顆人造衛星發射上天，到第一位航天員進入太空，只用了 33 年。

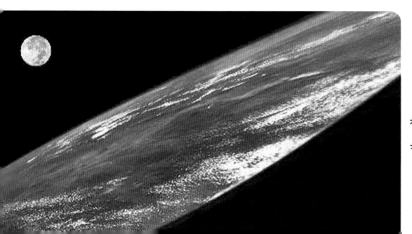

楊利偉在太空中
拍攝的地月美景

地球生物太空之旅

太空其實並不是一個友好的安全環境，實際上是充滿殺機的，似乎是完全不歡迎人類的到來。所以在宇航員飛向太空之前，科學家們做了很多次實驗，將動物們送上了太空。

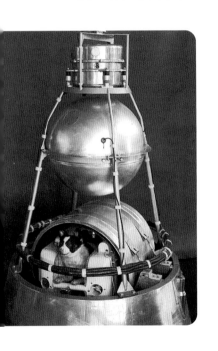

真正的「先驅」是小狗

第一次乘坐航天器進入太空的地球生物肯定不是宇航員，而是動物。具體講，是蘇聯的一隻雌性小狗，名叫萊卡，牠稱得上是一位響當當的「航天英雄」。

1957年11月3日，蘇聯發射了第二顆人造衛星。與之前不同的是，這次衛星上不只裝有電池、發報機等設備，還搭乘了一個鮮活的地球生物，這就是三歲的小狗萊卡，並且有一部攝像機全程拍攝。

可惜的是，小狗萊卡沒能活着回到地面。但是萊卡的犧牲是無價的，攝像機記錄下來的情況證明了哺乳動物能夠承受火箭發射後一段時間內的嚴酷環境，如果完善保障系統，那人類宇航員也就一定能夠熬過發射期間的嚴酷考驗，順利飛入太空。通過不斷地改進，在萊卡犧牲之後的第四年，宇航員尤里‧加加林成功飛天，一舉成名。

當然，人類也沒有忘記這位小英雄。萊卡犧牲的當年，蘇聯就為牠發行了紀念郵票。後來還在莫斯科為牠建了一座紀念碑。

萊卡上天這件事不僅意義重大，而且標誌着航天科技的一個重要分支，即「航天生物學」的正式開端，隨後又發展出「空間生命科學」這個全新學科。

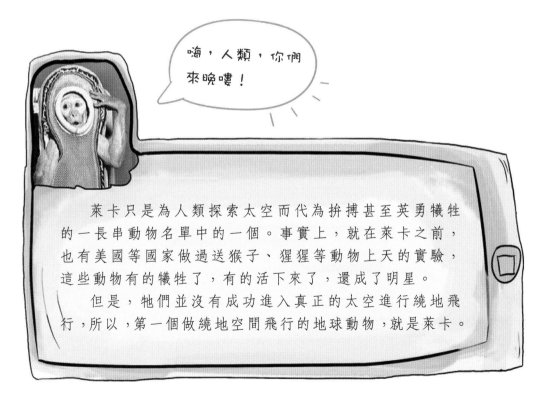

嗨，人類，你們來晚嘍！

萊卡只是為人類探索太空而代為拼搏甚至英勇犧牲的一長串動物名單中的一個。事實上，就在萊卡之前，也有美國等國家做過送猴子、猩猩等動物上天的實驗，這些動物有的犧牲了，有的活下來了，還成了明星。

但是，牠們並沒有成功進入真正的太空進行繞地飛行，所以，第一個做繞地空間飛行的地球動物，就是萊卡。

空間生命科學

1966至1970年，美國先後發射了三顆專用生物衛星，用於開展空間生命科學研究。被送到太空用作實驗的地球生物，既有短尾猴這樣的哺乳動物，又有麪粉甲蟲這樣的昆蟲；既有阿米巴菌，又有蛙卵……

果蠅具有生活週期短、容易飼養、繁殖力強、染色體數目少且易於觀察等特點，因而是近代生物研究中的最佳材料。

1991年6月5日，美國「哥倫比亞號」航天飛機上天時居然攜帶了29隻老鼠，還有2478隻水母，進行了大規模的微重力條件下的生物生長實驗。

1992 年 1 月 22 日，美國航天飛機上天時，攜帶了 3200 萬個小鼠胚胎骨細胞、30 億個酵母細胞及一大堆果蠅、細菌、黏霉菌、青蛙卵、倉鼠腎細胞、人體血細胞，還有 7200 萬條蛔蟲！後來，美國人還在太空中孵化出了蝌蚪、鱂魚苗、水螈苗等很多奇奇怪怪的動物呢！

植物的飛天史

　　隨着航天技術的迅猛發展，人類探索太空已經不再是夢想了，我們的育種專家們不會放過這麼好的實驗機會，他們要將種子放在這個夢寐以求的最佳實驗室。於是這些植物種子甚至是植物本身伴隨着宇航員們的身影，開始了往返於天地之間的太空之旅。

第一顆專用生物衛星

　　美國自 1966 年發射第一顆專用生物衛星開始，就在上面搭載有植物和植物種子了。後來，又利用其他系列飛船、航天飛機等航天器，搭載了燕麥、小麥、扁豆、松樹等植物的種子、幼苗，進行研究實驗。

「宇宙 368 號」生物衛星

　　蘇聯自 1970 年發射「宇宙 368 號」生物衛星起，也開始搭載各種植物和植物種子，甚至連煙草種子都送到太空去研究了一下。

「和平號」空間站

　　由蘇聯於 1976 年 2 月 17 日開始建造，於 2001 年 3 月 23 日壽命終結、墜毀於南太平洋的「和平號」空間站，在其歷時

十五年的太空繞地飛行過程中，進行了大量的空間生命科學實驗，而且動植物種類也不少，比如小狗、酵母菌、大腸桿菌、蒼蠅、果蠅、甲蟲、田鼠、烏龜、大白兔、恆河猴、淡水魚、蠑螈、水藻等。

令人稱奇的是，宇航員們竟然在「和平號」空間站上建立了一間名為「拉達」、面積為九百平方厘米的小型溫室，雖然面積不大，但依然種植了一百多種植物，完成了播種、發芽、生長、開花、結果的全過程，而且還如願以償地收穫了糧食作物的代表——小麥，還有經濟作物的代表——油菜！

第九顆返回式衛星

1987年8月5日，中國成功發射了第九顆返回式衛星。與眾不同的是，這顆衛星除完成既定的科研任務外，還破例搭載了辣椒、小麥、水稻等作物的種子。

「太空農場」

　為了探索和解決宇航員及未來地球星際移民在太空中長期生存和生活的需要，航天員開始了「太空農場」行動。

具有紀念意義的一口

　國際空間站中的宇航員們自 2014 年 5 月開始種植蔬菜工作。第二年的 8 月，他們笑眯眯地又略帶緊張地張開嘴，咬出了人類歷史上具有紀念意義的一口——首次品嚐了在太空種植出來的生菜！

1969 年 7 月 16 日，美國宇航員尼爾・阿姆斯特朗登上月球，他伸出左腳，小心翼翼地踏上了月球表面，這是人類第一次踏上月球。當時，阿姆斯特朗感慨萬分地說了一句著名的話：「這是我個人的一小步，卻是人類的一大步。」

現在，我們可以把這句經典的話，套用在國際空間站上那些第一次在太空中吃自種生菜的宇航員身上了，他完全有資格說：「這是我個人的一小口，但卻是人類的一大口。」不過，這些新鮮的生菜葉子雖然很好吃，宇航員們一嚐就說「味道好極了」，但他們可沒捨得把這些好不容易才種植成功的生菜全部吃掉，而是留下一半，冰凍起來，返回地球後供地面科學家再做進一步的深入研究。

為何不直接在太空艙種植？

　　所謂的「太空農場」只不過是一種小規模實驗，如果在航天器裏進行大面積種植，現在還無法實現。因為看似高大的航天飛船，其實太空艙空間卻很小，而且這些航天器還擔負着其他任務，空間有限，因此不能在空間實驗室大量種植。

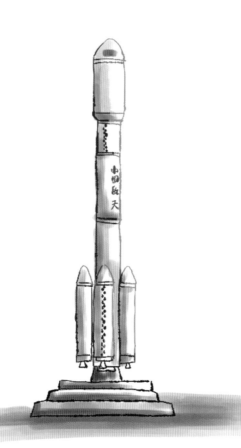

「天宮一號」

　　「天宮一號」是中國第一個目標飛行器和空間實驗室，於 2011 年 9 月 29 日 21 時 16 分 3 秒在酒泉衛星發射中心發射，整個火箭高五十二米，相當於十七八層樓的高度，但是真正能夠到達目的地的太空艙才十五立方米，也就是我們家裏的一個衛生間那麼大。

21時28分
「天宮一號」太陽能電池
帆板展開

21時26分
「天宮一號」與火箭成功分離

21時36分
入軌運行

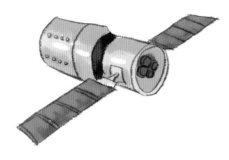

21時20分
整流罩分離

21時19分
一、二級（火箭）分離

21時18分
助推器分離

21時16分03秒
發射

帶種子上天試試吧

　　中國是世界上首屈一指的人口大國、農業大國，可耕地面積原本就不多。中國的人口呢，卻又是世界上最多的，這就導致人均耕地面積更少了。解決人多地少、糧食危機的方法之一就是增加糧食產量。科學家們就讓種子們上天試試，讓它們發生變化，再通過篩選、培育，讓它們產量更高、生命力更頑強。

種子的「免費旅行」

　　科學家們最初也不完全是從「選育優種」的角度去進行的，而是想看看空間環境對這些「試乘」的種子是否有影響，會有甚麼樣的影響。

　　那麼就讓種子們來一次免費的太空之旅吧！

　　科學家們拿到返回地球的種子，並進行了一系列新的科學實驗後，驚喜地發現，上過天的種子中，果然有一些發生了意外的基因變異。更關鍵的是，其中有些變異，正是人類一直期盼的。

從「試乘」到「專車」

2006年9月，「實踐八號」育種衛星在酒泉衛星發射中心成功發射。這是中國第一顆專門用於航天育種的衛星，上面裝載了糧、棉、油、蔬菜、林果、花卉等九大類共兩千餘份、約二百一十五千克的農作物種子和菌種，在太空順利運行十五天後，成功返回地面。這次的搭載種類和數量，是中國自1987年首次實現「種子太空之旅」之後規模最大的一次。

工作人員將要裝入「實踐八號」的種子進行打包

「實踐八號」搭載的部分種子

還是專車舒服！

是呀！可以隨便打滾了！

開採「種子金礦」

　　航天育種就相當於開採金礦，航天器搭載種子上天，就等於是將一批批種子變成一座座金礦山。當第一步選種和第二步太空誘變結束後，「金礦山」就形成了，等這些種子回到地面，才是艱苦而又漫長的地面育種，經過育種專家艱辛的「提煉」過程，才能得到寶貴的「黃金種子」。

第一步——地面選種

　　首先，科學家把最好的種子挑選出來，經過千辛萬苦的尋找、對比、篩選，把那些真正能夠代表同類植物的最先進、最優秀、最強大的一批種子找出來。這就好比要組織一隊運動員去參加比賽，總得把體能最好、體質最強、訓練最多的運動員選出來吧！

第二步——太空誘變

　　接下來就是把種子送上太空，利用太空特有的環境條件，接受宇宙射線的「猛烈轟擊」，讓它產生基因改變，這就是太空誘變。

第三步——地面育種

　　最後，種子們安全返回地面，回到了育種專家們的手中，這些種子在太空巡遊的過程中，究竟有沒有受到足量的射線照射，有沒有發生變異、發生了何種變異，誰都不知道。想要找到真正的「黃金種子」，辦法只有一個，就是把種子播種到土壤裏，讓它們發芽、生長、開花、結果。然後在第一代種子中再選出更好的進行第二輪播種……接着是第四代甚至第五代，往往一晃就是四五年過去了，直到找到成熟穩定的新品種。

第一代

　　那些令人稱讚的「番茄部落」「南瓜霸王」，以及目前遍佈全國各地的數不勝數的太空種子、太空植物、太空農田、太空花園，都是這麼從地面到太空、從太空回到地面，一步又一步、一年又一年地種植選育並擴張發展而成的！

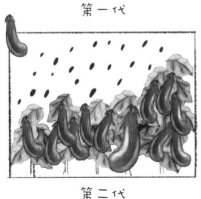

第二代

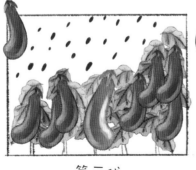

第三代

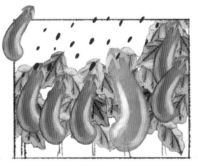

第四代

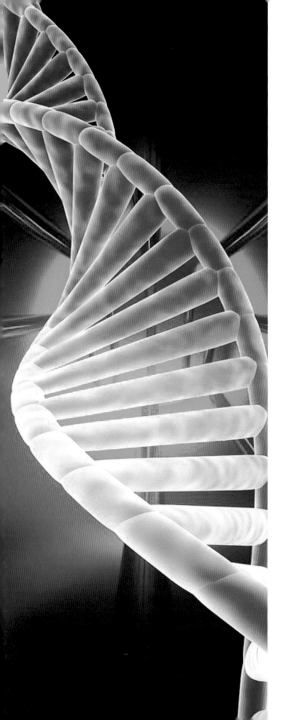

不得不講的基因變異

經歷過太空遨遊，有些種子發生了基因變異，這也是航天育種的關鍵一步——太空誘變。當這些種子返回地面後，經過選育，不僅明顯更加強健，產量也比原來普遍增長，而且品質大為提高，抗病蟲害的能力變強。

那種子的基因變異又是怎麼一回事呢？

認識基因

DNA 是一種生物大分子，它是個很長的雙螺旋階梯狀的傢伙，一個 DNA 上有成千上萬個基因，每個基因就是一個片段，能夠記錄和傳遞遺傳信息。

基因的特徵之一就是能夠完整複製自己，把生命性狀原樣「抄襲」給下一代，這就是基因的遺傳。

但基因也還有一個特徵，就是在一定的條件下會發生突變，也就是基因變異。

基因變異

在一定條件的刺激下基因會發生改變，突然出現了一個新基因，代替了原有基因，這個基因叫做變異基因。

發生基因變異的種子的後代也就會出現其「祖先」從未有過的新性狀。

所有基因變異都會帶來驚喜嗎？

基因變異是基因在複製過程中發生的錯誤，有些基因變異會導致種子不再「墨守成規」，而是「背叛老祖宗」。

但是，基因變異並不只是朝人類認為的「好」的方向變化。

事實上，送入太空的一種種子，每一千粒裏面，最多只有五粒會發生變異，甚至更少。但是，這麼低的變異概率，已經遠遠超過只有二十萬分之一的「自然變異」的水平了。

轉基因是另外一碼事

估計有人要問了：「這些種子在太空中發生了基因變異，那是不是轉基因呢？」

太空種子確實發生了基因變異，但這種變異不是轉基因。轉基因是在某種基因中引入外來基因。而太空種子所發生的基因變異，卻完全是在某個種子的內部完成的。

雜交、嫁接、轉基因和育種的區別

雜交屬於基因重組，不是轉基因。雜交在日常生活中比較常見，植物雜交有大家熟悉的雜交水稻。動物雜交大家也並不陌生，比如不同品種的狗進行雜交。最經典的動物雜交「案例」當屬馬和驢的雜交，產生了騾子這個新物種。

馬　＋　驢　＝　騾子

嫁接就是把兩株植物的枝幹各自切開並緊緊捆綁在一起，讓它們的「傷口」癒合，最終長成一個整體。中國人在很早以前就已經掌握了嫁接技術，兩千多年前中國的第一部農書——《氾勝之書》就對嫁接有了記載。嫁接和基因無關，因此，嫁接不是轉基因。

轉基因是運用科學手段，把從生物甲中提取出來的所需要的基因，導入另一種生物乙中，使生物甲的基因在生物乙體內「安家落戶」，從而產生特定的具有優良遺傳性狀的物質。

育種只是在「變基因」，而不是在「轉基因」，小麥依然是小麥，只不過變得產量更高，或者更抗倒伏；青椒依然是青椒，只不過變得個頭更大，口感更佳。

太空環境加速種子「變基因」

在地球表面這種相對穩定的環境中，植物種子內部的基因突變概率低、速度慢。

現在，人們把植物種子放到宇宙飛船裏，上太空走一圈兒，回來一種，哎喲！怎麼長得比以前大多了！

原來，植物種子在宇宙的特殊環境中基因變異的概率大、速度快，再加上育種專家們經過常年篩選，把那些好的變異保留下來，這樣，我們就得到安全、優質的太空種子了。

宇宙射線會不會污染種子？

　　估計又有人要問了：「太空種子在宇宙射線的衝擊下，發生了變異，它們會不會帶有放射性呀？」

太空種子與放射性物質無關

　　簡單來説，空中的放射性物質就像灰塵一樣，落在人員、地面、物體等表面，造成污染，這就是核沾染。

　　但是，經歷過宇宙射線轟擊的植物種子卻不存在這樣的問題，因為宇宙射線並不帶有一絲半點能夠造成核放射沾染的核物質，更不會傳遞給種子。

受到核污染的食物表面
有核物質附着

經過射線照射後的食物，當射
線移除後，不會有核物質沾染

宇宙射線都是起源於極遠空間中的超新星爆發、中子星脈衝、黑洞輻射等，與核輻射壓根兒就不沾邊。而且宇宙射線在太空中對植物種子的作用是瞬間完成的，種子雖然出現基因變異，卻只是被射線「攻擊、照射」過，而不會接觸到任何放射性物質，更不可能帶着放射性回到地面，因為宇宙射線根本沒有辦法攜帶任何原子核。

再說了，種子並不是裸露在太空中，而是被打包後裝在衛星或者飛船裏。

總之，太空種子、太空植物，全都與放射性核輻射沒有半點兒關係。

宇航員在太空中不怕宇宙射線嗎？

怕！當然怕！不過宇航員有宇航服保護着，宇航服的作用非常大，人類不穿宇航服就暴露在太空中，一定會死，而且會死得很快。因為太空環境十分惡劣，除了有宇宙射線外，還有超低溫、高真空……這些都會威脅着宇航員的生命安全，所以宇航服的科技含量相當高，用的材料也非常特殊，當然造價也就非常高啦，製作一件宇航服要花費將近三百萬美元呢！

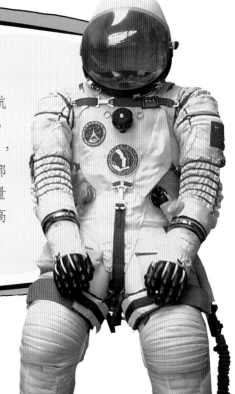

太空食品，我要安全的

好奇的人肯定會問，雖然上了太空的種子沒有核輻射，也不是轉基因，但會不會還有其他沒有發現的潛在問題呢！

太空種子

首先我們得搞明白是不是種子只要一上天就是太空種子、就能獲得豐產？

那可不一定！那些只上過天，還沒有經過篩選、培育的種子，是不能獲得太空種子的稱號的，因為有的種子變「好」了，有的變「壞」了，有的沒有任何變化。也就是説種子在太空中不一定都能發生優良的變異，也不可能立刻就能穩定遺傳。所以種子們在返回地面後，育種專家們還需要進行大量的工作。經過多代篩選、培育，這個過程一般需要三至五年才能完成。最後，經過鑒定後的種子才能稱其為太空種子。

安全種子

　　自打種子返回地面那天起，在播種之前，科學家們就開始對它們進行全方位的檢測化驗、觀察培育了，而且在之後長達四五年之久的繁育過程中進行反覆檢測，哪怕發現一點點「拿不準、說不清」的異常表現，都會立即剔除的，所以，經過各種考驗的太空種子是當之無愧的「安全種子」了。

我們吃過太空蔬果嗎？

實際上，太空蔬果離我們的生活並不遙遠。如今，有一些從太空回歸的蔬果種子，經過育種專家們的辛苦培育和層層檢測，種出的蔬果已經來到了老百姓的餐桌上。

你可能吃過的蔬果

「航興一號」是中國採用航天育種技術選育出的西瓜新品種。「航興一號」以其穩產、優質、外形美觀、皮薄、耐運的優點深受瓜農喜愛，在北京大興地區已經推廣種植。

此外，還有重達 250 克的番茄、香甜爽口的青椒、超級大南瓜、油菜等太空蔬果在市場上頻頻亮相。

聽說這種西瓜的種子上過太空，味道就是不一樣！

植物大 PK

太空植物在品質、產量、抗病蟲害等方面都比普通植物要強很多。

比身高

比體重

拚顏值

比營養

「中國號」太空作物家族

經過中國的育種專家們多年的培育，現在已經有了一大批成熟穩定的「中國號」太空作物家族。

太空糧食作物

太空水稻：已經形成多個穩定品種，普遍具有穗大粒飽、優質高產、生長期短等特徵，平均增產 5% ~10%，而且蛋白質含量、氨基酸含量都有大幅增長。

太空小麥：已經形成矮稈、豐產、早熟的穩定品系，產量比起普通小麥要高 10% ~15%。

太空玉米：每株能夠結出六個左右的玉米棒，普通玉米一株才結兩三個；而且味道比普通玉米好得多，還有多種顏色。

還有太空大豆、太空綠豆、太空豌豆、太空蕎麥、太空高粱，個個都有「拿手絕活」，個個都是精彩亮相。

太空糧食作物

名稱：太空小麥

特點：產量增加

太空蔬菜水果

太空青椒：普遍高產優質，抗病性好，枝葉粗壯，果大肉厚，每個重量大於 250 克，產量大大增加，維生素 C 含量比普通品種增加 20%。

太空黃瓜：藤壯瓜多，瓜體奇大，最大的重達 1800 克，長度達到 52 厘米。維生素 C 含量提高 30%，鐵含量提高 40%，是真正的產量大、營養高。雖然太空黃瓜的皮有點厚，但瓜肉卻是汁多脆嫩，口感很好。

太空菜葫蘆：長達 75 厘米，平均每個重 4000 克左右，最大的重達 8000 克，而且還富含可治療糖尿病的苦瓜素。

太空蔬菜

名稱：太空青椒

特點：營養豐富

太空蔬菜

名稱：太空菜葫蘆

特點：重量增加

太空蔬菜

名稱：太空番茄

特點：營養豐富
　　　重量增加

　　太空番茄：除了「番茄部落」單株能結上萬個果實這樣的「冠軍紀錄」外，其他太空番茄品種平均每個重量也在 350 克左右，最大的重達 1100 克，平均產量增加 15% 以上，有時可達 23% 以上。有一種太空櫻桃番茄，它的含糖量與柑橘相當，高達 13%，口感鮮甜，完全可以直接當水果吃啦。

　　此外，太空甜椒、太空茄子、太空西瓜、太空蘿蔔、太空大蒜、太空甘藍……不但都是個頭長得大、口感更好、營養更高，而且有的還能出現顏色上的精彩變異，比如培育出的五彩椒，看着都很有食慾。

　　而太空大蒜，一頭能長到 250 克 ；普通蘿蔔的幼苗是害蟲們的最愛，可現在的太空蘿蔔就是不打農藥，蟲子也不靠近它啦。

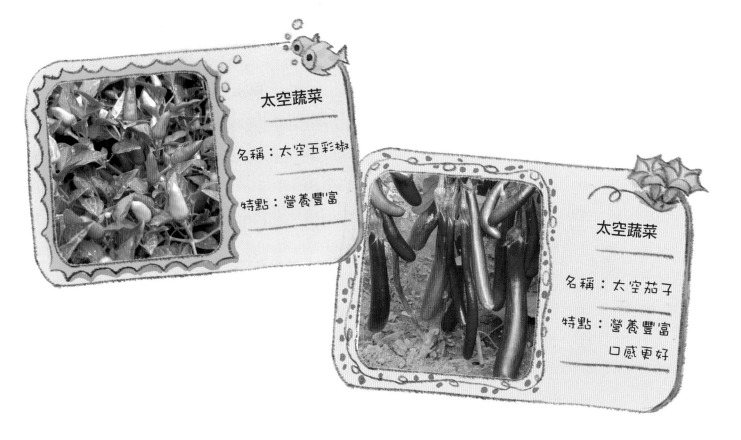

太空蔬菜

名稱：太空五彩椒

特點：營養豐富

太空蔬菜

名稱：太空茄子

特點：營養豐富
口感更好

太空林木草灌

太空林木的品種也很多，目前有太空油松、白皮松、石刁柏、楊樹、紅豆杉、美國紅櫨等，只不過林木不同於糧食、花卉，其選育週期較長，目前還未能形成像其他太空植物那樣的規模效益。

太空草類種子有紫花苜蓿、沙米、紅豆草、匐匐冰草等，如能將其變異後出現的優秀特徵，比如抗寒抗旱能力增強、蛋白質含量變高、存活期變長、可以一茬茬連續收割等優點都固定下來，就可以用來在鋪設草坪、製作飼料、固沙阻塵等方面發揮重大作用。

太空經濟作物

太空經濟作物除了有太空棉花、太空煙草、太空芝麻等這些「大宗作物」外，還有另外一個同樣已經興旺發達、同樣能夠產生經濟效益的「小家族」，那就是太空觀賞花卉。

太空花卉不但品種繁多，而且普遍具有開花數量多、花色變異多、開花時間長等特點，其免疫能力、抗蟲能力也都有顯著增強。除了太空百合、金盞菊、一品紅、太空孔雀草、萬壽菊、瓜葉菊、金魚草、醉蝶花等之外，還有雞冠花、麥稈菊、麒麟菊、金雞菊、荷蘭菊、大濱菊、天竺葵、蜀葵、龍葵、荷花、大麗花、火把蓮、百合、福祿考、萱草、矮牽牛、三色堇、石竹、千屈菜、羽扇豆……可謂應有盡有。

太空花卉

名稱：太空百合

特點：花頭數量多

太空花卉

名稱：太空孔雀草

特點：色彩多樣

好一個林林總總、洋洋大觀的太空作物家族！

太空花卉

名稱：太空金魚草

特點：花色變多

太空花卉

名稱：太空醉蝶花

特點：產量增加

太空花卉

名稱：太空一串紅

特點：抗病性強

獨步全球的中國航天育種

　　中國的航天育種技術是全世界最強的，浩瀚的太空正在成為中國科學家培育農作物新品種的實驗室和育種基地。

腳踏實地的航天育種

　　二十世紀五六十年代，美、蘇兩國多次發射返回式航天器並搭載了植物種子。但他們並未把這項技術應用於農業品種改良和培育，而是重點用在了為載人航天服務，探測空間環境的安全性，解決人類在太空環境中的食物供應、氧氣來源及生存環境安全等問題。他們在航天育種方面，只是淺嘗輒止，小試牛刀。

　　中國的航天科技不但關注地球安全、人類發展，而且早都已經在解決人類生存、地球危機等方面持之以恆地付出努力，更是在腳踏實地地解決中國人口眾多、耕地偏少、糧食短缺等現實問題。

　　中國航天育種發展三十年，成果早已遍及全國各地。

留給後來者的問題

雖然我們在航天育種方面取得了許多成就，但是卻出現了更多的新問題：

在上天之前都是統一篩選出來的種子，為何在同樣一個航天器中、在同樣的時間段裏經歷了同樣的太空環境，有的種子會發生良性變異，有的則恰恰相反，出現了非良性變異，而有的卻完全「沒有反應」，這裏面究竟有甚麼「玄機」？

當這些種子返回地面進入選育階段後，為何有的能夠將變異性狀遺傳給後代，有的卻「曇花一現」，進而「功力盡失」？

來自同一塊土地甚至取自同一棵植株的同一批種子，其內部構成應該非常相似，否則就不能稱它們為同一批種子，但為何從太空返回之後卻產生了如此之大的差異？

……

直到現在，依然有很多問題期待着後來者，尤其是青少年朋友們將來投身科學研究，解開其中的奧秘！

早日搞清其內在變化的根本原因、掌握其誘變規律，就能真正掌握航天育種的「終極主動權」，那時我們就不只是在種子的誘變過程中當「觀眾」，而是升格為「編劇」和「導演」了。

寫給青少年朋友的話

　　自從 1957 年世界上第一顆人造地球衛星升空以來，航天技術得到突飛猛進的發展，科學家們在太空鑄就了一系列的輝煌業績，經常給人們以驚喜。各種關於航天的報道層出不窮，細心的讀者幾乎每天都可以從新聞媒體上瀏覽到有關航天的動態。人們收看電視節目，進行通信聯繫，獲得氣象信息等，無一不與航空、航天科技密切相關，所以説，航天事業聯繫着你、我、他。

　　中國的航天育種事業與民生關係密切，在過去的三十年裏，我們從未間斷地進行了無數次的實驗，並取得了非凡的成就，但是，人們對於航天育種事業的瞭解卻少之又少，直到近些年航天育種才漸漸進入人們的視野。

　　因此，本書是一次嘗試，這是在更小的讀者群裏播撒下航天育種的神奇種子，讓小讀者們跟隨着種子一起遊歷，通過種子的選拔、太空歷險、「太空實驗室」裏的誘變、回到地面的選育、鑒定等環節，不僅瞭解相關的宇宙、航天知識，也對中國的航天育種和農業現狀有所瞭解。希望這本書能夠讓孩子們走進航天和航天育種，更希望這本書讓航天夢的種子在孩子們的心中生根發芽，破土而出。

　　也期待更多的人關注航天！關注航天育種！